JN023464

教訓を生かそう!

日本の自然災害史

3

監修
山賀 進

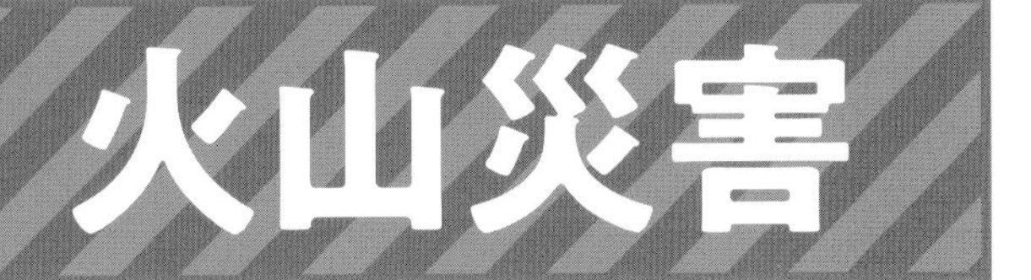

2014年の御嶽山の噴火。多くの登山客が犠牲になった。(写真：読売新聞/アフロ)

日本の自然災害史3 目次

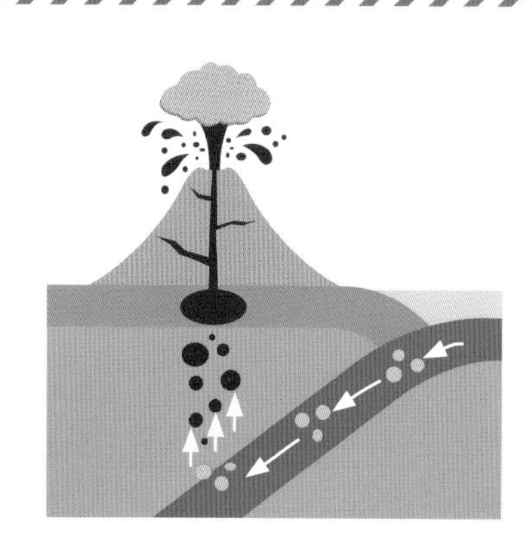

平安・江戸・明治時代の火山災害

大正・昭和時代の火山災害

平成以降の火山災害

はじめに

日本は地震国であると同時に火山国でもあります。世界には約1500もの活火山があるといわれ、日本とその周辺にはそのうちの約7％の活火山があります。火山噴火と地震はまったく異なる現象ですが、プレート同士の境界でのせめぎ合いがその原動力という共通性があります。

ただ、ほとんどの人が地震を体験しているのに対して、火山噴火を間近で見た人は少なく、火山噴火は怖いと思っていても、どんな災害が発生するのかはあまり知られていないのではないでしょうか。

この本ではまず火山を知ることから始めます。まず火山のしくみ、噴火と噴火に伴う現象、噴火警報・噴火警戒レベルを解説し、 次に過去に起きた噴火に伴う災害のようすを見ていきます。地形を変える溶岩流、広範囲に被害をもたらす火山灰、さらに山体崩壊、恐ろしい火砕流などがどのような被害をもたらすのかを知ることは、将来の防災にもつながるからです。

まだめどが立たない地震予知に対して、P40の有珠山のように予知に成功した噴火もあります。一方でP44の御嶽山のようにまったく予知できなかった噴火もあります。火山噴火の予知は完全ではありませんが、火山の近くに住む人や火山に登る人は、噴火警戒レベルを確認しましょう。

火山は災害を招くばかりではありません。素晴らしい景観をつくったり、温泉や地熱を利用できたりするほか、長い年月の後に鉱山ができたり、火山灰が豊かな農地をつくったりします。火山を知り、災害に巻きこまれないようにしながら、火山を楽しんでほしいと思います。

山賀 進
（元麻布中学校・高等学校地学教諭）

2000年に噴火を起こした北海道の有珠山。
(写真：AP/アフロ)

日本のおもな活火山

おおむね過去１万年以内に噴火した火山と、現在も活発な噴気活動があり、今後も噴火の可能性のある火山を「活火山」と呼びます。北方領土や海底火山まで含めると、日本には111の活火山があります。

気象庁は、2009年に活火山の活動度の評価を見直し、①から④の区分を設けました。①は「近年、噴火活動をくり返している火山」で、鹿児島県の桜島や、熊本県の阿蘇山、長野・群馬県境にある浅間山など、23の火山です。ただ、②～④に区分されても安全な火山というわけではありません。

かつては「休火山」と呼ばれていた富士山なども、噴火の可能性が否定できないことから、現在は活火山のひとつに数えられるようになりました。ここでは、日本のおもな活火山について見てみましょう。

上／江戸中期の1707（宝永４）年に大きな噴火を起こした富士山宝永火口（→P16）。
左／2011（平成23）年にも大きな噴火を起こした桜島（→P26）。

絶えず噴気を上げる大雪山の旭岳。

活動度が注目される火山

火山噴火予知連絡会によって選定された「火山防災のために監視・観測体制の充実等が必要な50の火山」や、この本で記述のある火山などを地図上に示しました。▲は特に①の区分（近年、噴火活動をくり返している火山）を表します。

大雪山
アトサヌプリ
十勝岳
雌阿寒岳
樽前山
有珠山
倶多楽
北海道駒ヶ岳
恵山
八甲田山
岩木山
十和田
秋田焼山
岩手山
秋田駒ヶ岳
鳥海山
栗駒山
蔵王山
吾妻山
磐梯山
安達太良山
那須岳
新潟焼山
日光白根山
草津白根山
弥陀ヶ原
浅間山
白山
焼岳
乗鞍岳
御嶽山
富士山
箱根山
伊豆東部火山群
伊豆大島
新島
神津島
三宅島
八丈島
青ヶ島
硫黄島

1944（昭和19）年の有珠山噴火によってできた昭和新山（→P30）。

エメラルドグリーンの湖水をたたえる、蔵王山の火口湖「御釜」。

最近では1983年と2000年に噴火を起こした三宅島の雄山（→P42）。

噴煙を上げる現在の浅間山。

火山災害をよく知るためのキーワード

マグマと噴火

マグマとは、地球の内部でどろどろにとけている状態の岩石のことをいいます。地下の深いところにあるマグマが噴き出してできた山が火山です。冷えて固まったものも含み、マグマが地表に出てきたものを溶岩と呼びます。

1巻で見てきたように、地球の表面では十数枚もの分厚い岩盤（プレート）がひしめきあい、海のプレートがたえず陸のプレートの下にもぐりこむ動きをしています。海のプレートには水分が多く含まれていて、これが陸のプレートの下にあるマントル（地球内部の高温の岩石の層）（右上図）の上部の岩石と反応してマグマになります。

マントルからゆっくり上昇してきたマグマは、いったん陸のプレートの内部（地表からの深さ5～20kmくらい）にとどまってマグマだまりをつくります（下図）。

マグマだまりの中で、マグマにとけこんでいた火山ガスが何らかの理由で発泡すると、その圧力でマグマを押し上げ、また地表付近の岩石を破壊して噴火（火山噴火）を起こします。炭酸飲料入りペットボトルを振ってからふたを開けると、中身が勢いよく噴き出してくるのと同じことが起きるのです。マグマの粘り気が強いほど、噴火は爆発的になります。

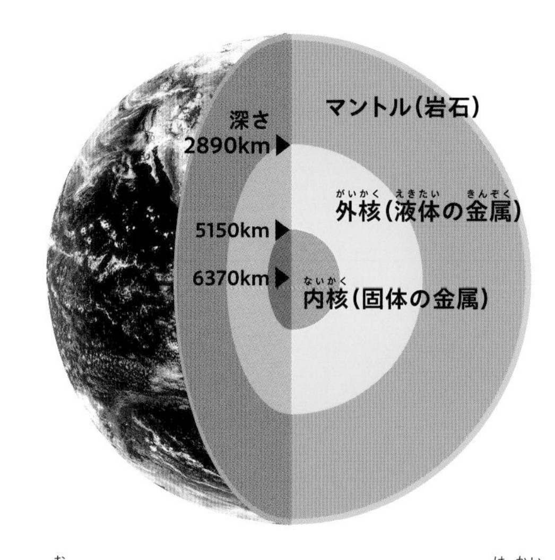

噴火はこうして起こる

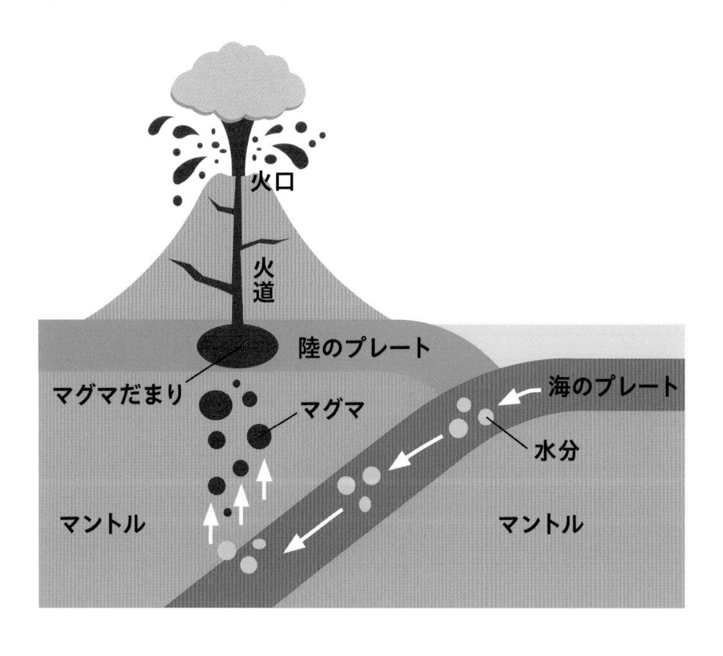

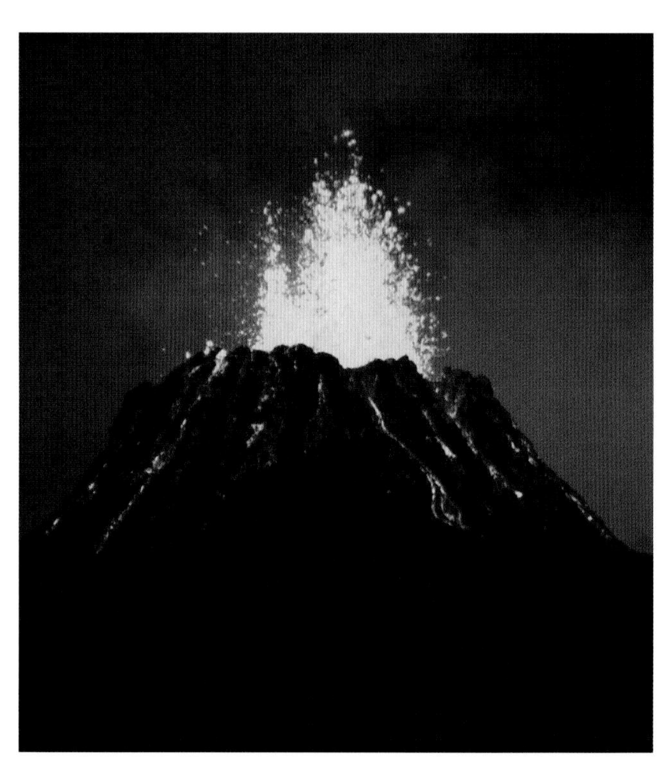

ハワイ島キラウエア火山の噴火のようす。地表に現れたマグマが溶岩流となって四方に流れ下っている。（提供：G.E. Ulrich/USGS/ZUMA Press/アフロ）

水蒸気爆発

左ページのような一般的な火山噴火（マグマ噴火ともいいます）に対して、地下水や湖水・海水が岩石を伝わったマグマの熱によって急激に熱せられて一気に気化し（水は気化すると体積が約1700倍になる）、まわりの岩石などを破壊して起こる爆発のことを水蒸気爆発といいます。これは油で熱したフライパンに水を垂らすと激しく弾けるのと同じ原理です。水蒸気爆発の噴出物にはマグマの成分は含まれていません。

日本では、1888年の磐梯山噴火（→P22）や2014年の御嶽山噴火（→P44）などが、水蒸気爆発による噴火でした。

また、マグマが水に直接触れて、マグマの破片（成分）と破壊された岩石とが同時に噴出して起こる噴火をマグマ水蒸気爆発といいます。2000年に起こった有珠山噴火（→P40）や三宅島噴火（→P42）がこれにあたります。

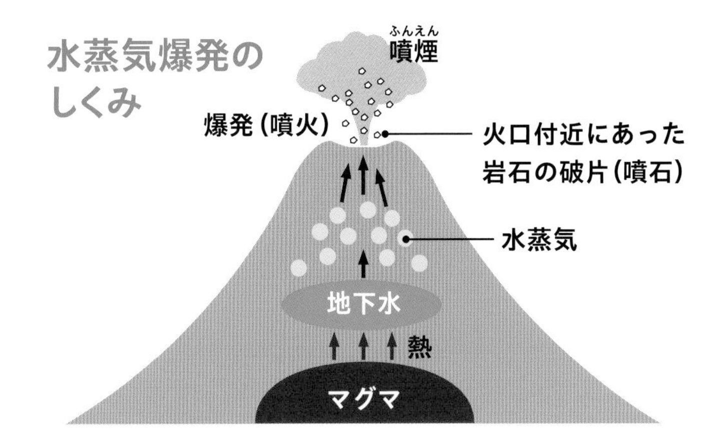

2014年に御嶽山で起こった噴火は、水蒸気爆発によるものだった。

溶岩ドーム

噴火のときに、火口から粘り気の高い水あめのような溶岩が押し出され、それが流れる前に固まってできた丸い山の形のことをいいます。上空から見るとほぼ円形をしています。

1944年に北海道の有珠山の噴火のときにできた昭和新山が溶岩ドームとして知られているほか、北海道の樽前山も典型的な溶岩ドームを山頂に持つ山として有名です。

昭和新山の溶岩ドームはミマツダイヤグラム（→P31）によって成長のようすがくわしく記録された。

樽前山山頂の独特な溶岩ドーム。

カルデラ

火山噴火でできた巨大なくぼ地のことをカルデラといいます。大量のマグマが火砕流（下）、溶岩、火山灰となって噴出したり、噴火口の下が空洞になって落ちこんだりして、このような地形ができます。

カルデラのまわりは外輪山で囲まれ、その内側のくぼ地を火口原といいます。また水がたまって湖（カルデラ湖）を形成することもあります。

日本では、熊本県の阿蘇山が巨大なカルデラとして有名です。またカルデラ湖としては北海道の屈斜路湖（カルデラの大きさとしては日本一）や摩周湖、洞爺湖などが知られています。

阿蘇山のカルデラ地形。内側に水田や市街地がひろがっている。

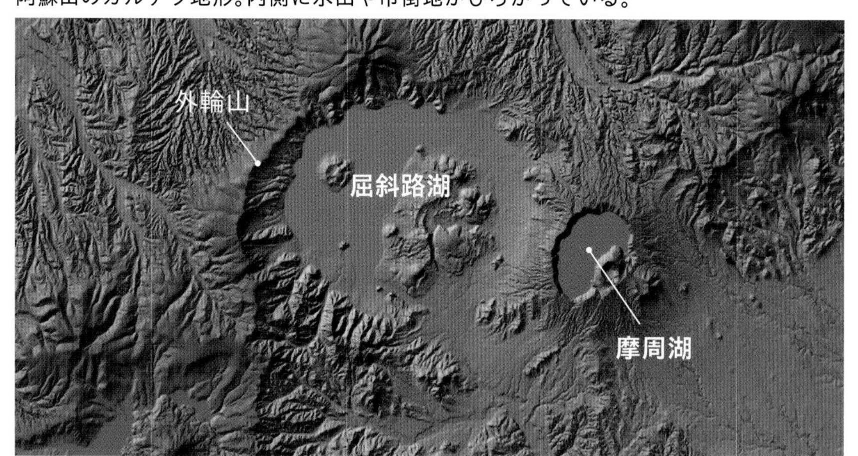

となり合う屈斜路湖と摩周湖。(国土地理院色別標高図に加筆して作成)

1991年、猛烈な火砕流が長崎県深江町(現・南島原市)を襲った。(写真：読売新聞/アフロ)

火砕流

火山の噴火で発生した溶岩の破片や噴石、火山灰などの噴出物が、火山ガス（水蒸気や有毒ガス）と混じり合ってふもとに向かって流れ下る現象を火砕流といいます。その速さは、秒速100mを超えるといいます。

火砕流は、高速で落ちてくる岩石などに当たること、大変高温であること、有毒ガスを含むことなどにより、直撃を受けた場合、人はほとんど生存することは不可能になります。

火山では溶岩流や土石流も発生しますが、溶岩流は速くても１日に数百mというゆっくりとしたペース、また土や石が河川の水に押し流される土石流は有毒ガスを含まず、高温にもなりません。火砕流は火山災害の中で最も恐ろしい現象といえるのです。

火砕流で一度に43人が亡くなるなどの大きな被害によって人々にその怖さを知らしめたのは、1991年に起きた雲仙普賢岳の噴火（→P38）でした。

2000年の北海道有珠山の噴火で大きな被害を受けた旧とうやこ幼稚園の園舎。

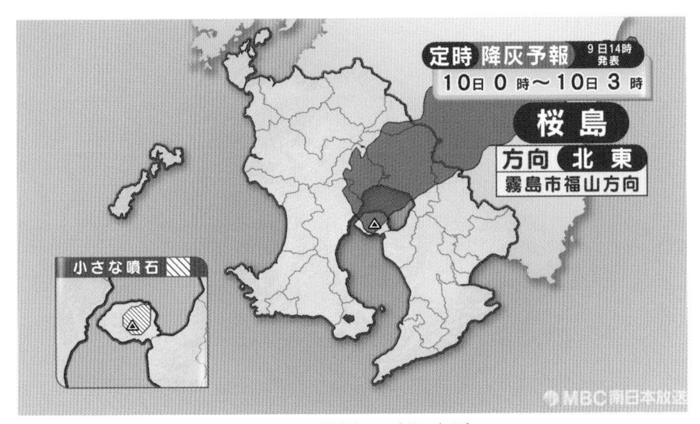

鹿児島県では、地元テレビ局で桜島の降灰予報が放送される。
(MBC南日本放送提供)

噴石と火山灰

噴石は、火山の噴火によって火口から吹き飛ばされる岩石のことです。大きな噴石は人の背丈をはるかに超える大きさになることもあり、噴火が始まってから避難する時間的な猶予はほとんどないため、防災上とても危険なものです。

気象庁ではこうした大きな噴石以外にも、大きさ1cm程度の小さなものでも、火口付近で登山者に当たれば死傷する可能性もあると注意を呼びかけています。

2000年の北海道有珠山の噴火のときに、洞爺湖町の旧とうやこ幼稚園は、激しい噴石で屋根に多数の穴があくなどの被害にあいました。事前に避難が適切に行われて人的被害はありませんでしたが、噴石の怖さを示すものとして現在、遺構として残されています。

噴火によって火口から放出される固形物のうち、直径２mm未満の小さなものを**火山灰**と呼びます。広い範囲にわたって農作物や交通機関（特に航空機）、建造物などに被害をおよぼします。

山体崩壊

火山の噴火や地震などで大規模な山崩れが発生し、もとの形とはかけ離れた姿になってしまうことをいいます。

山体崩壊で有名な日本の山では、福島県の磐梯山（→P22）があげられます。磐梯山では、過去少なくとも二度にわたって山体崩壊が起こりました。

約５万年前の山体崩壊では、川がせき止められて南側に猪苗代湖ができました。1888年には北側（裏磐梯側）で水蒸気爆発によって岩なだれが発生し、477人の犠牲者が出たほか、桧原湖など多くの湖沼ができました。

また、八ヶ岳や箱根山なども山体崩壊を起こしたと考えられています。

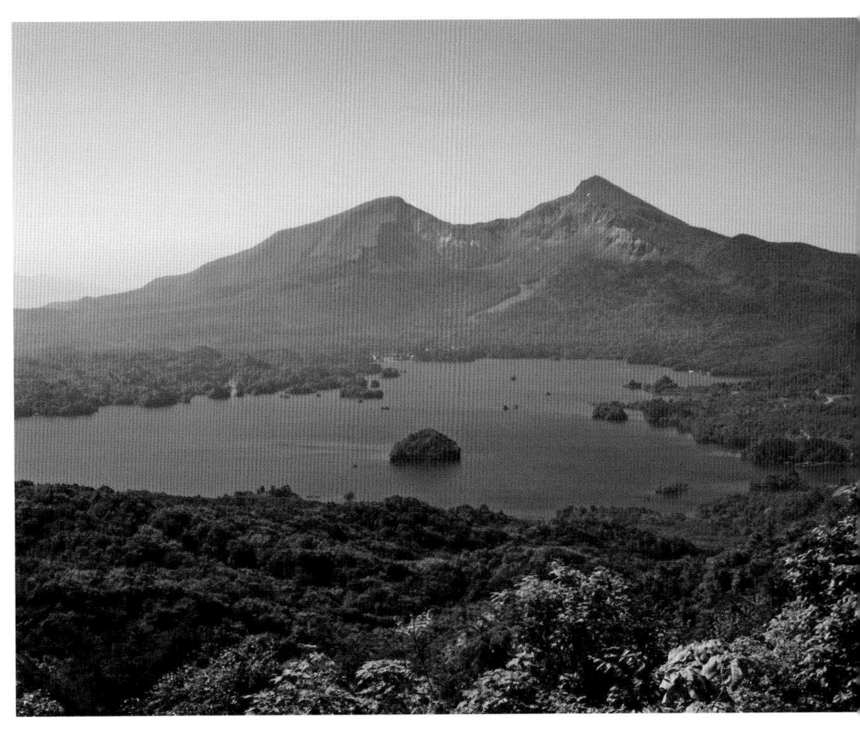

裏磐梯側から見た磐梯山と桧原湖。山体崩壊によってえぐられた地形を観察できる。

噴火警報と噴火警戒レベル

気象庁では、火山災害を軽減させるため、全国の111の活火山（→P6）を対象に常に噴火予報または**噴火警報**を発表しています。大きな噴石や火砕流などを伴い、避難する時間的猶予もなく被害をおよぼす噴火が予想されるときに、噴火予報は噴火警報に変わります。火口の周辺に出される場合と、人々の居住地域に出される場合があります。

また気象庁は、常に活動を監視している50の活火山のうち、49の火山で**噴火警戒レベル**を発表しています。これは、火山活動の状況に応じて、「警戒が必要な範囲」と「自治体や住民がとるべき防災対応」を5段階に分けて注意をうながすものです。これにもとづいて、各自治体では入山規制を行ったり、避難指示などの対応をすることができ、噴火災害の軽減につながるとしています。

2015年の箱根の大涌谷では、一時的にレベル1がレベル3まで引き上げられました。そして2014年の御嶽山噴火（→P44）のように、レベル1の山で突然噴火が起こることもあります。活火山に指定されている山では常に注意が必要です。

噴火警戒レベル

種別	名称	対象範囲	警戒レベルとキーワード	説明		
				火山活動の状況	住民等の行動	登山者·入山者への対応
特別警報	噴火警報（居住地域） または 噴火警報	居住地域およびそれより火口側	レベル5 避難	居住地域に重大な被害をおよぼす噴火が発生。あるいは切迫した状態にある。	危険な居住地域からの避難等が必要（状況に応じて対象地域や方法等を判断）。	
			レベル4 高齢者等避難	居住地域に重大な被害をおよぼす噴火が発生すると予想される（可能性が高まってきている）。	警戒が必要な居住地域で、高齢者などの配慮が必要な人の避難、住民の避難の準備などが必要（状況に応じて対象地域や方法等を判断）。	
警報	噴火警報（火口周辺） または 火口周辺警報	火口から居住地域近くまで	レベル3 入山規制	居住地域の近くまで影響をおよぼす（この範囲に入った場合には生命に危険がおよぶ）噴火が発生、あるいは発生すると予想される。	通常の生活（今後の火山活動の推移に注意。入山規制）。状況に応じて高齢者などの配慮が必要な人の避難の準備など。	登山禁止・入山規制など、危険な地域への立入規制など（状況に応じて規制範囲を判断）。
		火口周辺	レベル2 火口周辺規制	火口周辺に影響をおよぼす（この範囲に入った場合には生命に危険がおよぶ）噴火が発生、あるいは発生すると予想される。	通常の生活。（状況に応じて火山活動に関する情報収集、避難手順の確認、防災訓練への参加など）。	火口周辺への立入規制など（状況に応じて火口周辺の規制範囲を判断）。
予報	噴火予報	火口内など	レベル1 活火山であることに留意	火山活動はおだやか。火山活動の状態により、火口内で火山灰の噴出などが見られる（この範囲に入った場合には生命に危険がおよぶ）。		特になし（状況に応じて火口内への立入規制など）。

〈864年－1902年〉

平安・江戸・明治時代の火山災害

1783年の天明大噴火のときの激しい噴火のようすを大迫力で表した絵図「浅間山夜分大焼之図」(→P19)。

現在も富士五湖の本栖湖などで貞観大噴火の痕跡が見られる。

溶岩流が富士五湖を生んだ

貞観大噴火

●864(貞観6)年6月

江戸時代の1707年に起きた宝永大噴火とならび、富士山で起こった記録に残る中で最大クラスの噴火といわれています。山頂からの噴火ではなく、西北側の斜面に複数の噴火口ができ、そこから大量の溶岩が流れ出すタイプの噴火でした。

このころ、富士山の北側に「せのうみ」という湖がありました。東西に約8km、深さ70mにもおよぶこの大きな湖は、貞観の大噴火で発生した厚さ最大135mにもなる溶岩流でそのほとんどが埋めつくされてしまいました。現在の富士五湖のうち、西湖と精進湖がかろうじて残ったかつての「せのうみ」です。

またこの溶岩流の上には、長い年月をかけて草木が生い茂り、現在の青木ヶ原樹海になりました。約3000haの広大な樹海の中には、富岳風穴や鳴沢氷穴などの溶岩トンネル（固まりきらない溶岩流の内部が流れ出て空洞になったもの）などが見られます。

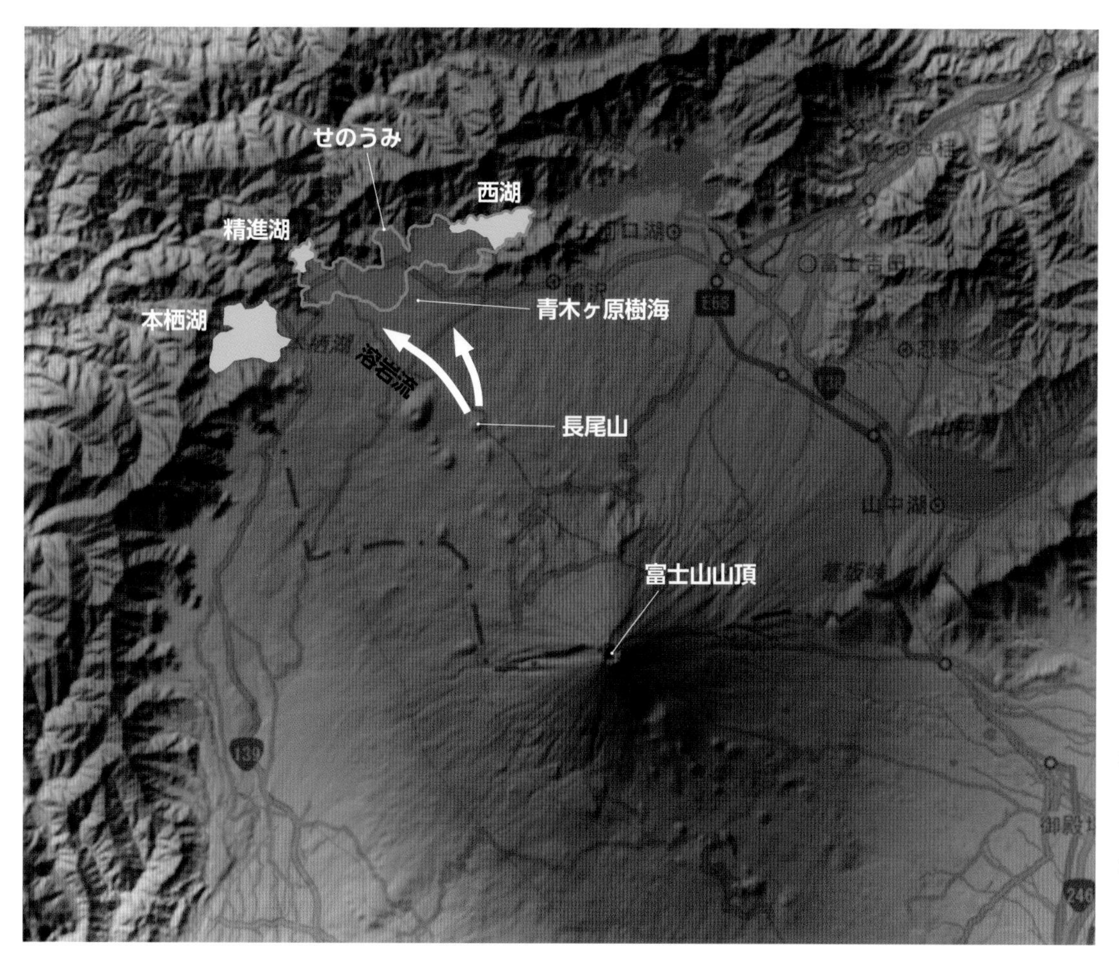

貞観大噴火の最大の噴火口が、山頂から西北方向にある長尾山。そこから出た溶岩流がせのうみの大半を埋めつくして西湖と精進湖に分断した。大量の溶岩は分厚い層となって固まり、長い年月をかけて草木が芽吹き、青木ヶ原樹海ができた。
(国土地理院色別標高図に加筆して作成)

上／見わたす限りに広がる青木ヶ原樹海。世界文化遺産富士山(信仰の対象と芸術の源泉として)の一部に指定されている。
左／青木ヶ原樹海の森。ごつごつとした溶岩の地盤の上に這うように樹木の根が発達し、独特な雰囲気に満ちている。

現在の富士山宝永火口。手前右に噴火によってできた宝永山がある。

火山灰がもたらした壊滅的被害

宝永大噴火

●1707（宝永4）年12月16日

富士山南東斜面の五合目付近で起こった噴火で、富士山の歴史上最も激しい噴火といわれています。

噴煙が上空２万mに達するほどの爆発的な噴火で、富士山のふもとに点在する村々では、大量の噴石や火山れき、火山灰が降り注ぎ、壊滅的な状況となりました。現在の静岡県御殿場市や小山町では、火山灰が最大３mも積もりました。

噴火はその年の年末まで断続的に続き、江戸の町にも大量の火山灰が降りました。昼間でも暗く、行灯を灯さざるをえなかったといいます。

この噴火では溶岩流などによる直接の犠牲者はほとんどいなかったものの、火山灰が積もったことによって河川が決壊したり、農作物に被害が出て深刻な飢饉を引き起こしたりしました。

この噴火は、1か月半前に起きた宝永地震（M8.6の巨大地震）と関係があるのではないかともいわれています。

上空から見た積雪期の富士山頂と宝永火口（手前）。

宝永大噴火は、もし今富士山が噴火した場合、首都圏などにどのような影響が出るかを示す重要な材料になります。

仮に宝永大噴火と同規模の噴火が起こった場合、神奈川県や東京都を中心にして、千葉県の一部にも2cm以上の火山灰が降ると予想されます。その場合、土石流や洪水の被害が予想されるほか、鉄道や空港などに影響が出るのはもちろん、道路の不通や停電が発生し、呼吸器に障害を起こす危険も指摘されています。また、細かい火山灰は電子機器などに障害をおよぼす可能性もあります。

富士山噴火による火山灰などが、ハイテクに支えられている現代社会にどのような影響をおよぼすのか、多くの注目すべき点があります。

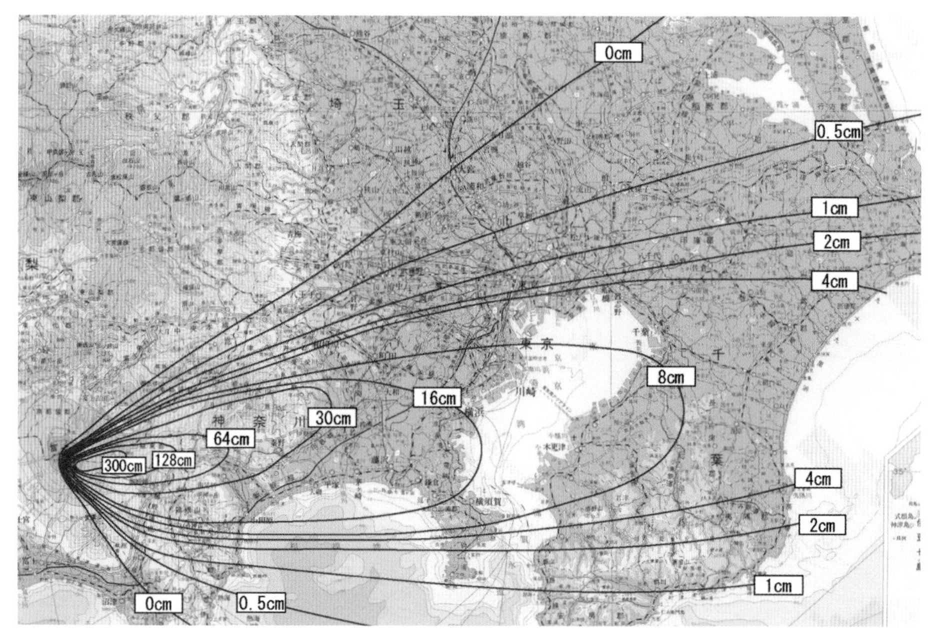

内閣府の富士山ハザードマップ検討委員会がまとめている「宝永噴火による降灰分布図」。神奈川県の主要部や東京都、千葉県の一部は、実際に降灰が8cmにもなっていた。

浅間山の北側斜面に今も見られる鬼押出しの荒々しい風景。

浅間山史上最大の噴火

天明大噴火

●1783（天明3）年8月5日

現在の長野・群馬の県境にある浅間山は、過去何度か噴火をくり返してきました。そして江戸後期の天明３年、浅間山の噴火の歴史で最大の被害をもたらした天明大噴火が起こりました。

山頂付近で起こったこの噴火は約90日間続きました。山の北側にある鬼押出しはこのときに形づくられ、ゴツゴツした溶岩がひろがる荒涼とした風景は、そのすさまじさを物語っています。

また、北側の山ろくの鎌原村（現在の群馬県嬬恋村鎌原）では、火砕流（→P10）と大規模な土石流が村を埋めつくし、人口の約８割の477人が死亡したといいます。

この噴火で、ふもとには火砕流や土石流、関東平野には洪水などの甚大な被害をもたらしたほか、火山灰が日光をさえぎったことにより、東北地方を中心に全国で最低数万人が餓死したという飢饉（天明の大飢饉）を引き起こす原因のひとつになったという説もあります。

天明大噴火のようすを表した絵図「浅間山夜分大焼之図」（美斉津洋夫氏所蔵）。火口付近に高温の噴出物が集中して降り積もっていること、そして広範囲に噴出物が拡散していることが丹念に描かれている。

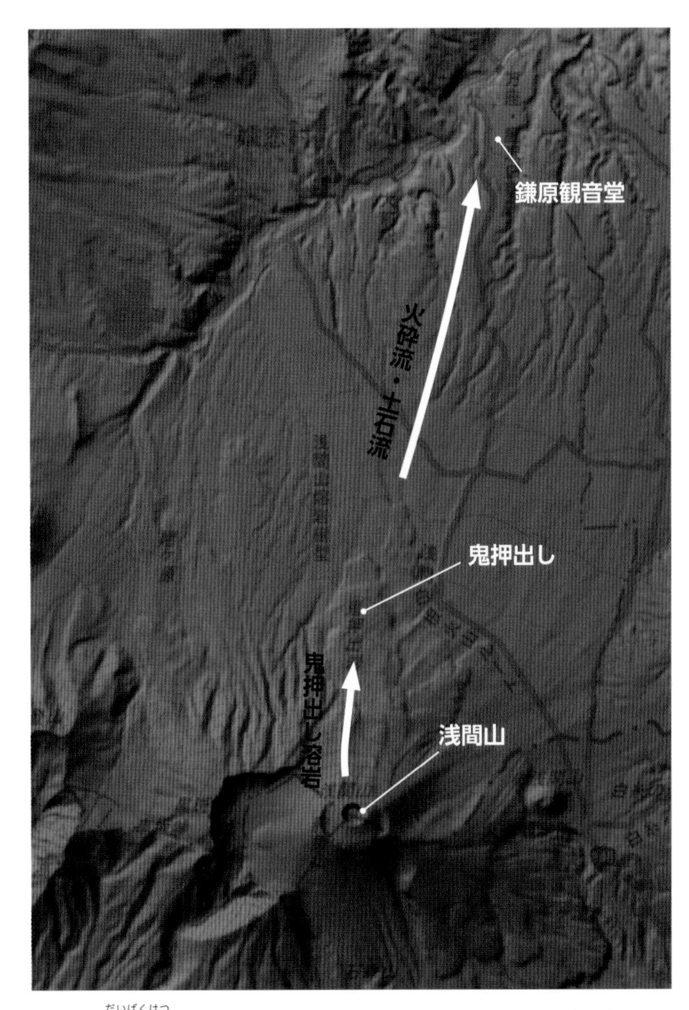

最後の大爆発とともに北側を溶岩流（鬼押出し溶岩）が流れ始め、また発生した火砕流や土石流がふもとの鎌原の集落を埋めつくした。（国土地理院色別標高図に加筆して作成）

鎌原村には、小高いところに古いお堂がたっていました。鎌原村では火砕流や土石流によって多くの犠牲者が出ましたが、このお堂にいたる 50 段の石段が生死を分けたといわれています。生き残った村人はこの石段を駆け上がっていたのです。

現在も残る鎌原観音堂には 15 段の石段が見られますが、1979 年の発掘調査でその下にさらに 35 段の石段があることがわかりました。そして石段の下に折り重なるようになったふたりの女性の白骨が発見されました。

中年の女性が年老いた女性を背負うようなかっこうで見つかり、浅間山の大噴火から逃げるためにいっしょにこのお堂の石段を登ろうとして、火砕流や土石流に巻きこまれたのではないかと考えられています。

現在の鎌原観音堂。15段の石段を上った先に境内がある。

雲仙岳噴火と眉山の土砂崩れのすさまじさを表す絵図。(東京大学地震研究所所蔵)

日本史上最悪の火山災害

島原大変肥後迷惑 ●1792(寛政4)年5月21日

雲仙普賢岳(現在の長崎県)で起きた地震と火山噴火の複合的な災害です。その前年からの群発地震に始まり、雲仙岳頂上からの噴火で、溶岩流が発生し、火山ガスの噴出も起こりました。また雲仙岳の手前にそびえる眉山は、くり返し土砂崩れを起こしましたが、この時点ではまだそれほど大きな被害は出ていませんでした。

その後いったん収まっていた群発地震が再開。1か月ほどは持ちこたえていた眉山が、M6.4の大地震をきっかけについに山体崩壊(→P11)を起こしました。東側の斜面をなだれ落ちた大量の土砂が、またたく間に島原の城下町の半分を飲みこみました。さらに有明海に流れ出した土砂が海岸線を1kmも沖に押し出しました。

そして眉山の崩壊で流れ出した土砂は、海中に達して九十九島(長崎県北部の九十九島とは別)という小島の集まりを生み出しました。

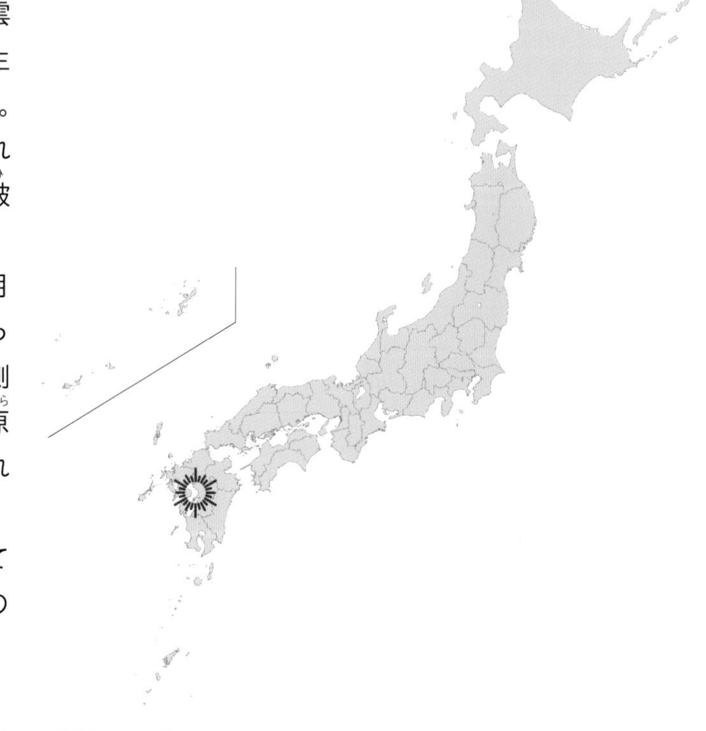

有明海になだれ落ちた大量の土砂は、大津波を発生させました。

特に海をはさんで雲仙岳の対岸にある肥後（現在の熊本）の沿岸には、高さ10～20mの津波が押しよせました。地震による揺れはそれほど強くなく、しかも夜だったために、対岸の住民たちはほとんど無警戒のうちに、大津波に襲われたのです。

この災害での犠牲者は、島原側で約1万人、肥後側で約5000人となり、かつてない大惨事となりました。この災害は、島原で発生した天変地異（島原大変）が肥後で大きな被害（肥後迷惑）を起こしたことで、「島原大変肥後迷惑」と呼ばれました。

眉山の崩落と沿岸の津波災害が描かれた絵図（部分図）。（永青文庫所蔵・熊本大学附属図書館寄託）

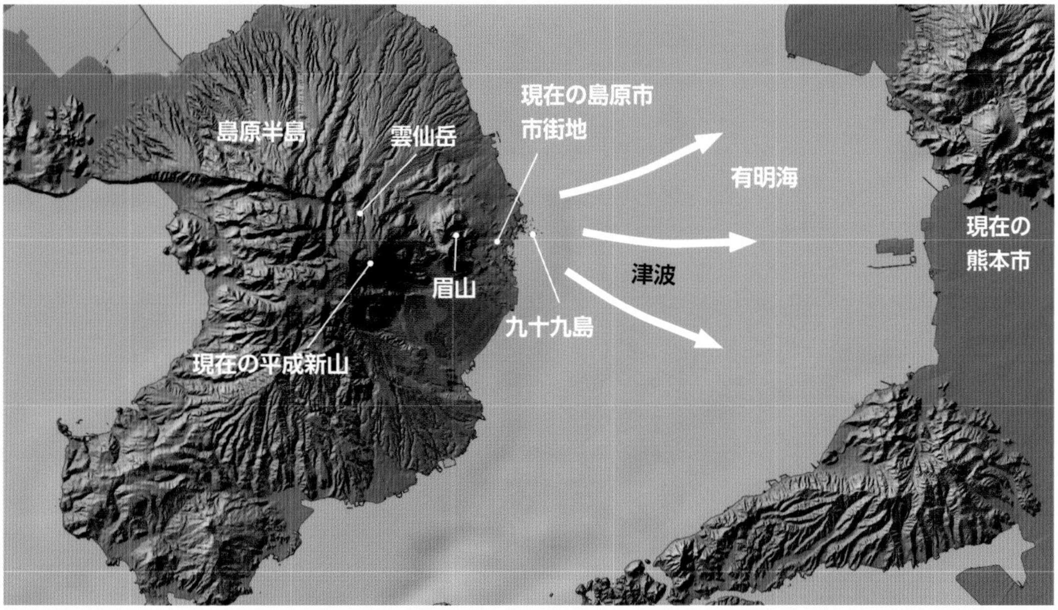

眉山の崩落によって津波がひろがっていくようす。津波は対岸を折り返し、くり返し沿岸を襲ったと考えられる。（国土地理院色別標高図に加筆して作成）

島原市の海岸から見上げる現在の眉山（手前の山）。今でも当時の山体崩壊の跡が確認できる。左奥右側にそびえるのが平成新山。

磐梯山の山体崩壊のようすは今でもふもとから確認できる。手前は桧原湖。

山体を崩壊させた噴火

磐梯山噴火

●1888(明治21)年7月15日

7月15日朝7時45分、福島県猪苗代湖の北に位置する磐梯山が爆発性の高い水蒸気爆発(→ P9)を始めました。15～20回くらいの大きな噴火をくり返し、およそ1500m も上がった噴煙と火山灰は、あたりを真っ暗にしたといいます。

そして磐梯山の北側の峰のひとつだった小磐梯は山体崩壊して岩なだれを起こしました。このとき秒速100m もの猛烈な風が発生して北のふもとにある村々を襲いました。このときの爪あとは、現在でもふもとから観察できます。

この山体崩壊によって起きた岩なだれで、渋谷村など5村11集落が土砂に埋まり、477人が犠牲になりました。

また岩なだれは、長瀬川をせき止めて桧原宿を水没させました。そして桧原湖、曽原湖、小野川湖、秋元湖、五色沼など、現在観光地となっている数多くの沼や湖が生まれました。

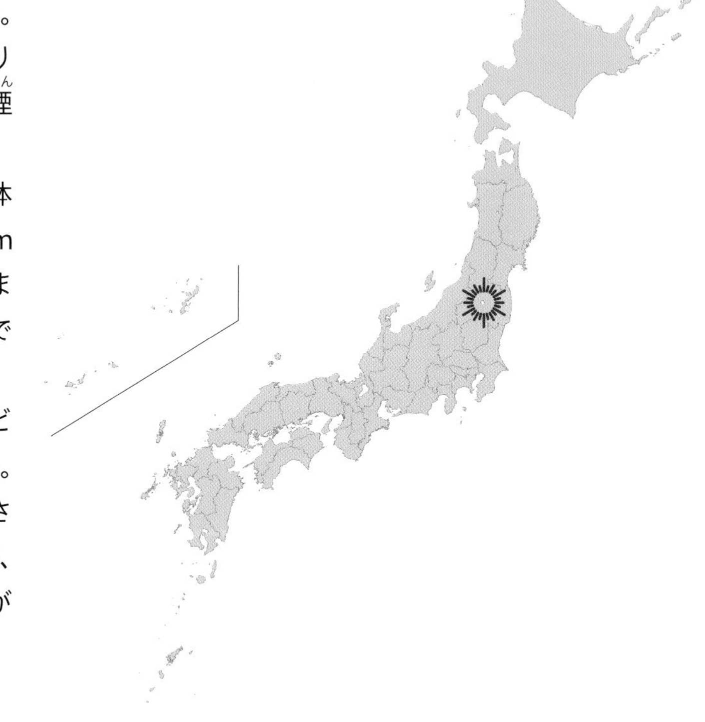

1888年の磐梯山噴火を描いた絵図。山体崩壊とふもとで逃げまどう村人たちのようすが描かれている。(東京大学地震研究所所蔵)

どんなことがわかった?

磐梯山噴火の直後、当時を代表する地震学者や地質学者たちが現地調査に向かいました。この噴火は、火山の本格的な研究が行われた最初の噴火となりました。

調査の結果、この噴火は地底のマグマは直接関係しておらず、マグマの熱によって熱せられた水が、一気に水蒸気になることで爆発が起きる**水蒸気爆発**(→P9)による噴火であることが判明しました。

観光地として人気が高い五色沼のひとつ、青沼。

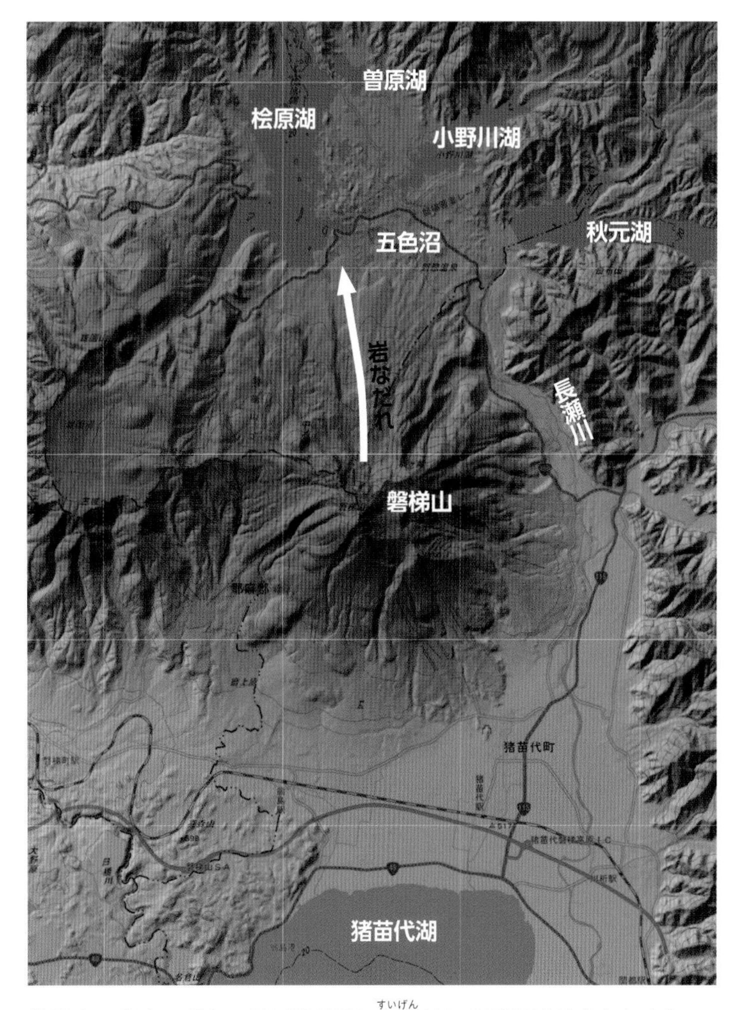

磐梯山の噴火で現在の桧原湖付近に水源がある長瀬川がせき止められ、湖や沼が出現した。(国土地理院色別標高図に加筆して作成)

噴火したばかりのような荒々しい岩肌を現在も見せる伊豆鳥島。

全島民125人が犠牲に

伊豆鳥島の噴火 ●1902（明治35）年8月7日

伊豆鳥島は、伊豆諸島八丈島のはるか南の絶海の孤島です。江戸時代にアメリカ船に救助されて渡米したジョン万次郎が流れ着いた島で、アホウドリが生息することでも知られています。

明治時代後期の1902年の夏、この火山島で爆発的噴火が起こりました。溶岩流は発生しなかったものの、山体崩壊（→P11）が起きて、北側の集落の島民125人全員が犠牲となってしまいました。

この絶海の孤島に島民がいたのは、大型の鳥、アホウドリを捕獲するためでした。高品質の羽毛をもつアホウドリは、動きがにぶく、人を恐れないためにつかまえるのが容易で、この時代は多くの人が島に移り住んで、さかんに捕獲が行われていたのです。

伊豆鳥島では1939年の噴火で気象観測所を残して全員退去。その後、群発地震もあって1965年に気象観測所も閉鎖され、それ以降完全な無人島になっています。

〈1914年－1986年〉

大正・昭和時代の火山災害

全島民が避難することになった1986年の伊豆大島三原山の噴火。（写真：読売新聞/アフロ）

現在の桜島。大噴火で海峡が埋まり、地続きになっている。(写真：読売新聞/アフロ)

島を陸続きにした溶岩流

桜島大正大噴火

●1914(大正3)年1月12日

1914 年 1 月、鹿児島県の桜島で歴史に残るものとしては最大規模の噴火が起こりました。富士山の貞観大噴火（→ P14）や宝永大噴火（→ P16）をしのぐ大噴火でした。

12 日に始まった噴火は、翌日に噴煙を高さ 1 万 m まで押し上げ、山腹の 2 か所から溶岩流を発生させました。西側に流れ出した溶岩は海に達し、当時沖合にあった烏島を飲みこみました。そして南東側に流れ出した溶岩は、幅が 300 ～ 400m、深さが 80m 近くあった海峡を埋めつくし、桜島と大隅半島を陸続きにしてしまったのです。この噴火と、それに伴う地震による犠牲者は 58 人に達しました。

この噴火によって、桜島の周辺では大量の火山灰が降り積もりました。場所によっては降灰が 2 m 以上になり、農業に大きな被害が出たほか、大雨のたびに土石流を引き起こし、桜島の周辺の住民の苦しみは長く続きました。

桜島ではこの大噴火の前から異変があり、特に数日前から有感地震が多発し、山から白煙が上がっていました。不安を感じた住民の一部は自主的に避難を始めていました。

当時の東桜島村長は測候所に何度も問い合わせをしましたが、測候所の答えは「桜島が今すぐ噴火するおそれはない」というものでした。しかし、その根拠は旧式で粗末な地震計によるものでした。

そして村長はこの測候所の見解をもとに、村人に避難の必要がないことを説いて回りました。その矢先に、桜島の大噴火は起こりました。測候所を信じて避難がおくれた村人の中には、軽石や火山灰が降下するなか、島から脱出しようと冬の海に飛びこんで溺死した人も多くいました。

後年、この村長の後悔の念から、東桜島小学校の校庭に石碑が建てられました。その碑文には「※住民は理論に信頼せず、異変を認知する時は、未然に避難の用意、もっとも肝要とし……」とあります。科学的な根拠よりも危険を感じたらまず避難することの大切さを説いているのです。

※カタカナをひらがな表記にした以外は原文のまま。石碑は校庭内にあり、見学には許可が必要です。

空高く上がったこのときの噴煙（火山灰）は、はるか東京までとどいたという。（写真：読売新聞/アフロ）

鹿児島市黒神町（桜島南東部）の神社にある「黒神埋没鳥居」。大正の大噴火の噴石や火山灰で最上部を残して地中に埋まった。

現在の桜島。対岸の鹿児島市内から時折噴煙を上げる姿を見ることができる。

上富良野村付近に押しよせた流木の山。(写真：毎日新聞社/アフロ)

ハザードマップの普及に貢献

十勝岳噴火

●1926(大正15)年5月24日

大正時代末期の1926年5月24日の正午ごろ、それまで小規模な噴火をくり返していた北海道中部の十勝岳が大規模な水蒸気爆発（→ P9）による噴火を起こしました。

午後4時17分の2回目の噴火で岩なだれがおき、高温の土砂が山に残っていた雪を溶かしながら泥流となって、ふもとの町に向かって流れ下りました。

泥流は2つにわかれ、最大時速60kmものスピードで美瑛と上富良野の両村を襲いました。噴火から25分後には上富良野の市街地に泥流が到達していました。大量の流木が家や橋、線路や道路を破壊したため、後の救援活動にも支障をきたして被害が拡大しました。最初生温かった泥流は、雪解け水を含み、氷のように冷たくなったといいます。

この噴火で、上富良野村、美瑛村合わせて144人の死者・行方不明者が出ました。被害者に女性と子どもが多かったのもこの噴火の被害の特徴のひとつです。

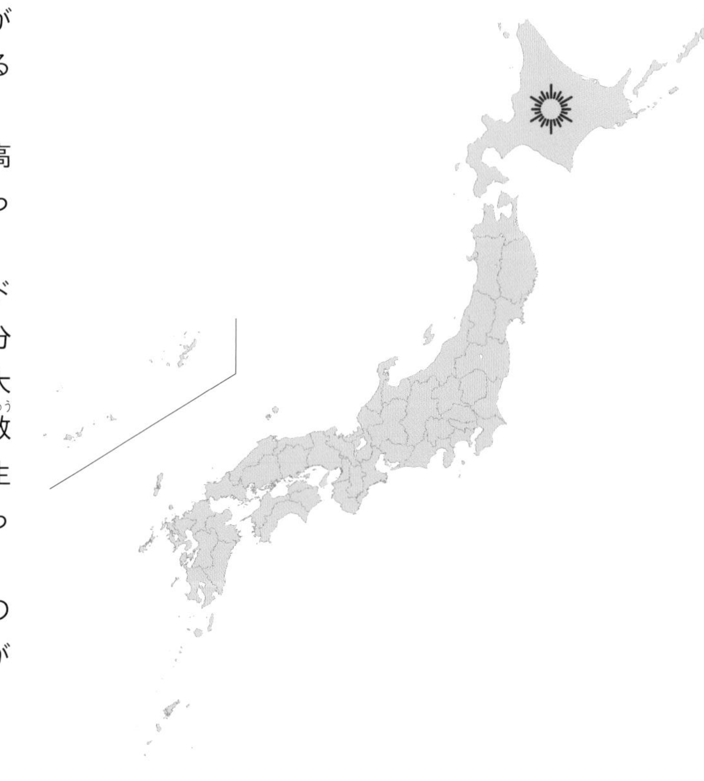

十勝岳周辺に住む人々は1962年にも噴火を経験しました。そして後の上富良野町と美瑛町では、1985年に南米コロンビアで氷河の氷が溶けて大きな泥流被害が起こったことに注目し、積雪期の噴火にそなえて火山ハザードマップをつくって1986年と1987年に全戸に配布しました。

1988年に十勝岳がまたしても噴火しましたが、このハザードマップが大きく貢献し、被害は最小限にとどまりました。

これをきっかけに、北海道に続いて日本各地の活火山周辺の市町村でハザードマップづくりが行われるようになりました。十勝岳の噴火の教訓が全国の火山災害の被害を減らすのに役立っているのです。

また、この災害を教訓として、噴火警報（→ P12）を出す基準のひとつに「融雪型火山泥流」が加えられました。

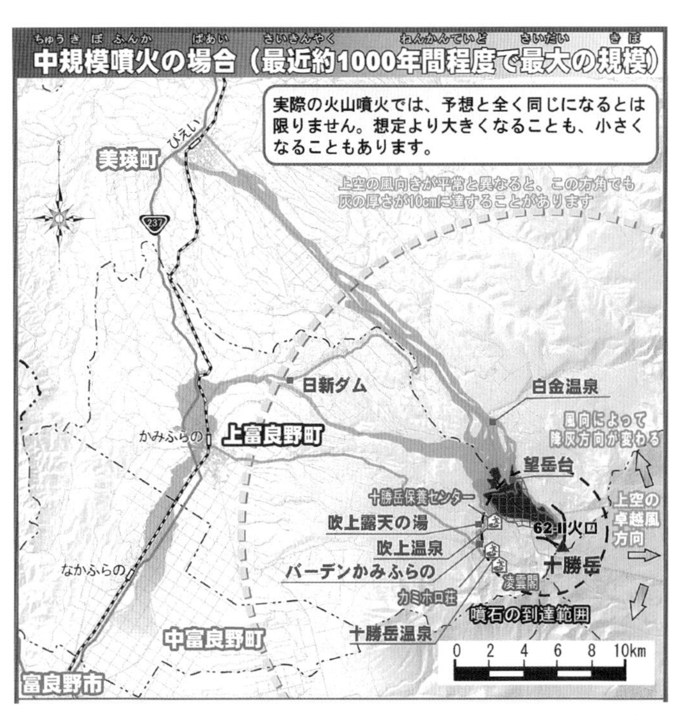

現在の北海道上富良野町の「十勝岳の火山ハザードマップ（中規模噴火の場合）」。1926年の噴火で発生した泥流の流れをもとに、危険なゾーンが紫色で示されている。

絶えず火口から噴煙を上げる現在の十勝岳。

現在の昭和新山と溶岩ドームを観察する三松正夫の像。

昭和新山ができた噴火

有珠山噴火

●1944（昭和19）年6月23日

1943年の年末から、北海道中部の有珠山周辺でくり返し地震が観測されていました。翌年1月末には地震とともに今度は土地の隆起が始まり、地面に亀裂や段差ができて道路や鉄道に被害が出ました。

そして1944年の6月23日、それまでに50mも隆起していた麦畑の中から突然噴火が始まり、火山灰をまき散らし始めました。7月には多量の噴石を噴き出して付近の森林や農地を覆いました。地元住民は家を捨てて避難せざるをえず、噴火活動は10月末まで続きました。

そして地下のマグマが麦畑を押し上げて、溶岩ドーム（→ P9）が姿を現しました。ドームは1945年9月20日まで成長を続け、100mに隆起していた麦畑が400mを超える高さにまでふくれあがりました。

この溶岩ドームは、戦後に「昭和新山」と名づけられました。

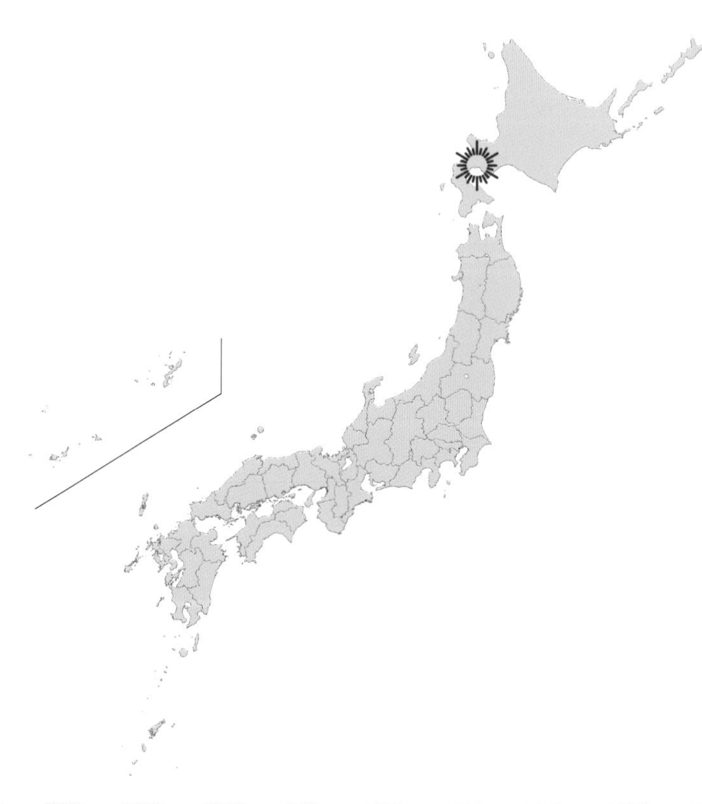

当時は第二次世界大戦の最中で、この有珠山の噴火が国民の動揺につながると考えた政府によって報道管制が敷かれていました。また観測や撮影の機材が乏しかったこともあり、この噴火のことをほとんどの国民が知ることはありませんでした。

そんな中、この昭和新山の成長のようすを29枚のスケッチで克明に記録した人がいました。当時、地元壮瞥村の郵便局長だった三松正夫です。

三松は、すぐ目の前で起こったこの有珠山の突然の噴火から、溶岩ドームの形成、そして昭和新山の誕生にいたるまでの出来事を、とても重大なものととらえていました。火山の噴火を被害という観点からではなく、そこから学ぶべきものと考えていた三松は、公的機関にたよらず、個人で観測しようと思い立ちます。そして、昭和新山の日ごとの成長を1枚の紙の上に表すことにしたのです。

三松は郵便局の裏手で、右図のように手製の台の上で頭が動かないようにして目線を固定させ、昭和新山との間に平行にテグス（釣りに使う丈夫な糸）を張って観察し、克明にスケッチしました。

こうして紙に写し取った溶岩の成長の記録は、世界で唯一火山の誕生を記録したものと世界的に評価され、「ミマツダイヤグラム」と呼ばれました。

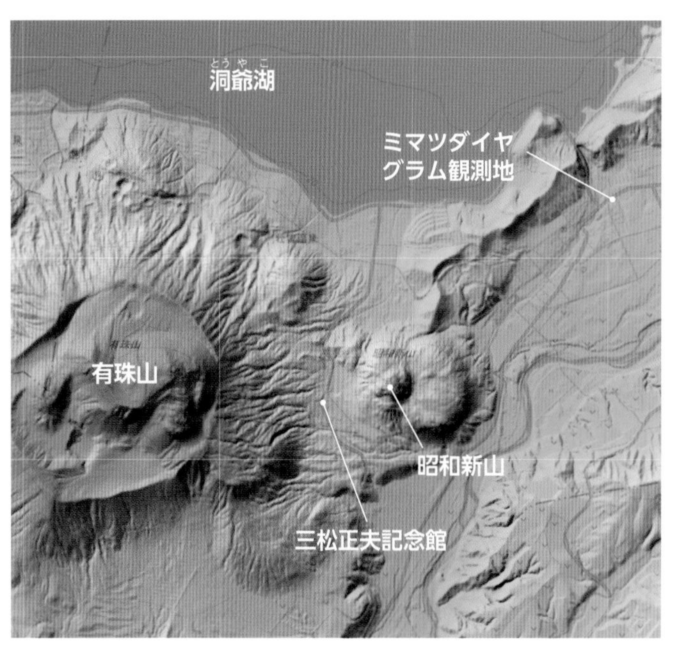

現在の有珠山と昭和新山のようす。昭和新山の西側に、ミマツダイヤグラムの史料を展示する三松正夫記念館がある。（国土地理院色別標高図に加筆して作成）

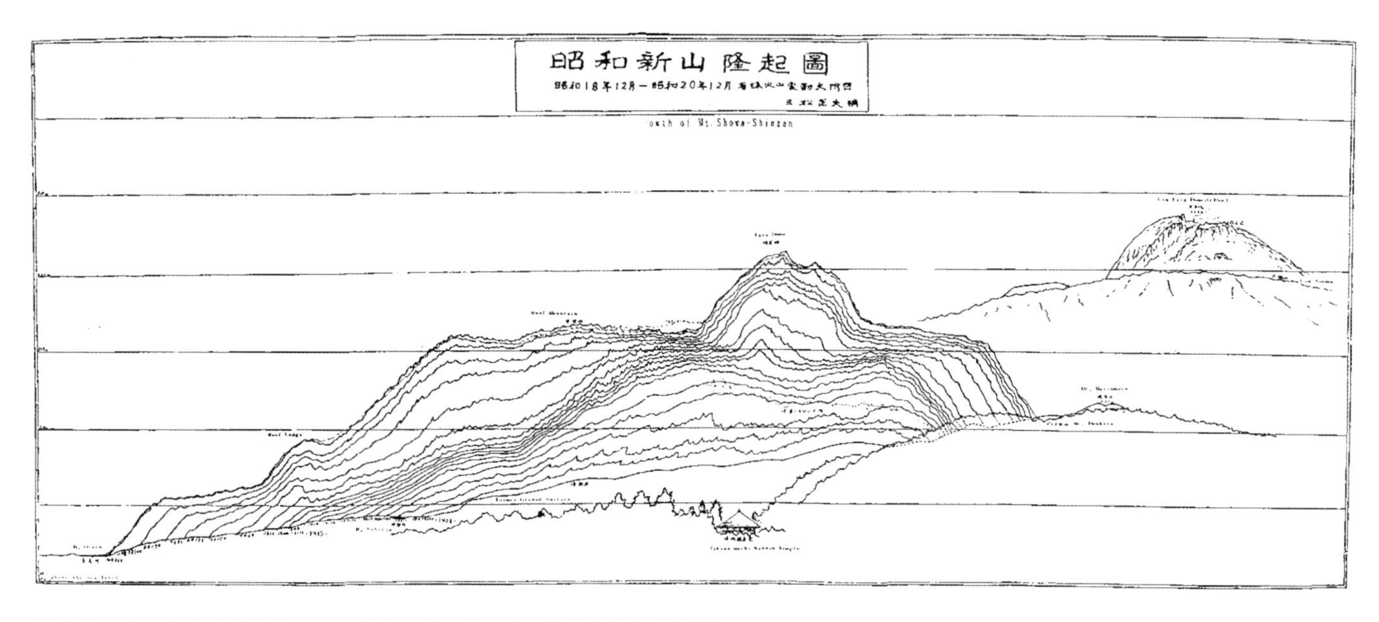

世界的に高い評価を得た「ミマツダイアグラム」。（三松正夫記念館所蔵）

迫りくる噴煙と噴石から逃げる修学旅行生ら。(写真：毎日新聞社/アフロ)

修学旅行の生徒たちが被災

阿蘇山噴火

●1953(昭和28)年4月27日

九州のほぼ中央部に位置する阿蘇山（中岳など5つの中央火口丘と外輪山の総称）は、広大なカルデラ（→ P10）と雄大な外輪山の中に中央火口丘をもつ、世界最大級の火山です。火口原には国道や鉄道が通り、地域の人々の日常の暮らしがあります。

今からおよそ9万年前に、北九州全体を覆うほどの大量の火砕流（→ P10）を伴う大噴火を起こした後、大きな陥没が起こり、今のカルデラができました。現在でも中央火口丘最大の中岳を中心に、火山活動がさかんです。

1953年4月27日、中岳の第一火口で大規模な噴火が起こりました。大量の噴石により、修学旅行で阿蘇を訪れていた大阪の男子高校生1人を含む観光客6人が死亡、90人以上の負傷者が出ました。

1958年6月にも同じ第一火口が噴火し、大量の火山灰で被害が発生。このときも噴石によってロープウェイの作業員など12人が死亡しました。

さかんに噴煙を上げる現在の阿蘇中岳。

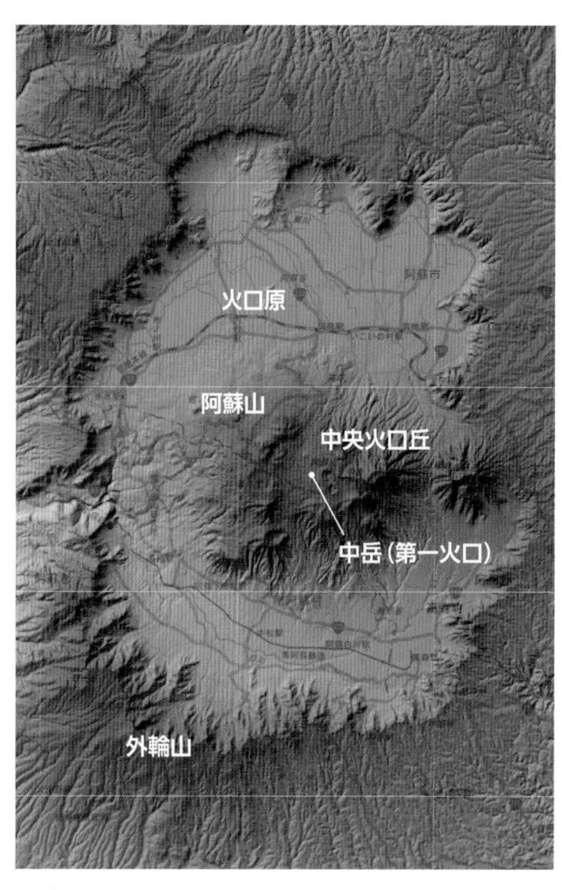

阿蘇山のカルデラのようす。中央火口丘を囲む火口原に約５万人が暮らしている。（国土地理院色別標高図に加筆して作成）

雄大な景色を楽しみに、多くの観光客が阿蘇を訪れます。しかし、阿蘇の雄大さは噴火の危険とたえず隣り合わせともいえます。

過去の噴火では中岳第一火口からの噴石による犠牲者が多いことから、現在の中岳から１km圏内に合わせて13か所のシェルター（避難壕）が設けられています。シェルターは頑丈なコンクリート製で、ひとつにつき、30人ほどが避難することができます。

2014年９月に起こった御嶽山噴火（→ P44）では、噴石によって数多くの犠牲者が出ました。火山活動がさかんなエリアでのシェルターの重要性が改めて注目されました。

阿蘇山中岳周辺に設けられているドーム型のシェルター。

勢いよく噴煙を上げる三原山。(写真：読売新聞/アフロ)

全島民が避難する緊急事態

伊豆大島噴火

●1986(昭和61)年11月15日

約100年～200年の間隔で比較的大きな噴火を起こしている伊豆大島の三原山山頂で、1986年、大規模な噴火が起こりました。この夏からひんぱんに観測されていた火山性微動が、10月末になっていよいよ本格化したのです。

そして11月15日、中央火口から溶岩や火山弾が勢いよく噴き上げられ、噴煙は3000mの高さまで上りました。火口は溶岩でいっぱいになり、次第にあふれ出しました。このとき、噴火を一目見ようと、5000人もの観光客が三原山に押しよせたといいます。

しかし11月21日、事態は急変します。カルデラ内や外輪山にある裂け目から、次々とマグマが噴き出し始めたのです。高さ8000mに達する噴煙と経験したことのない地震動が起きたことから、大島町役場に合同対策本部が設けられました。

溶岩は島の北西にある元町の集落まで数百mのところまで迫っていました。

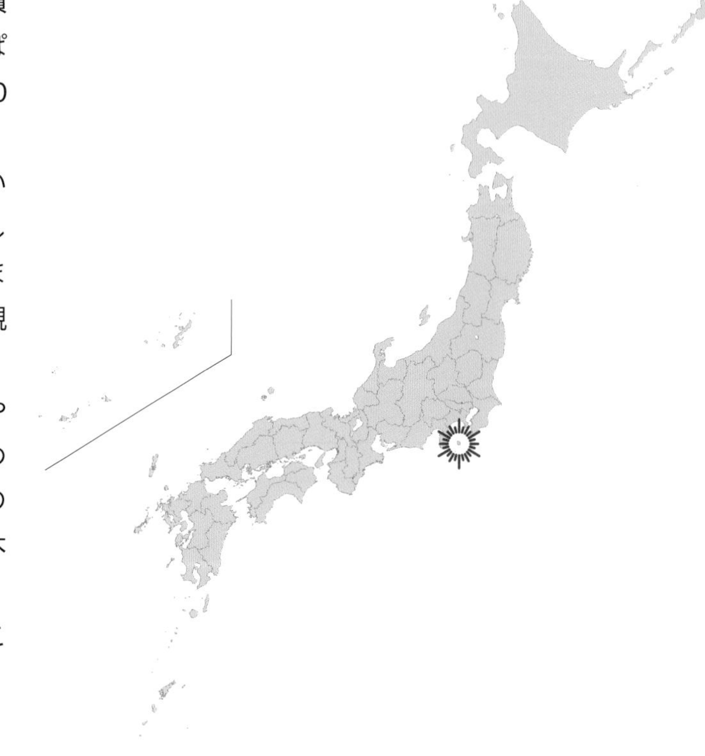

11月21日夜、大島町合同対策本部は全島民に対して避難指示を出すことをすぐに決定しました。1957年に起きた三原山の噴火で犠牲者が出たことの反省から、迅速な対応がとられたのです。

島民や観光客は、すぐに港のある元町に集められました。そして定期船や海上保安庁、自衛隊の船などで、翌日の昼過ぎには全島民1万1000人と観光客約2000人の脱出が全て完了したのです。

島民たちは東京都内や静岡県などに分かれて避難生活に入りました。避難生活はそれからおよそ1か月も続きました。三原山の火口周辺への立ち入りができるようになったのは、1996年になってからのことでした。

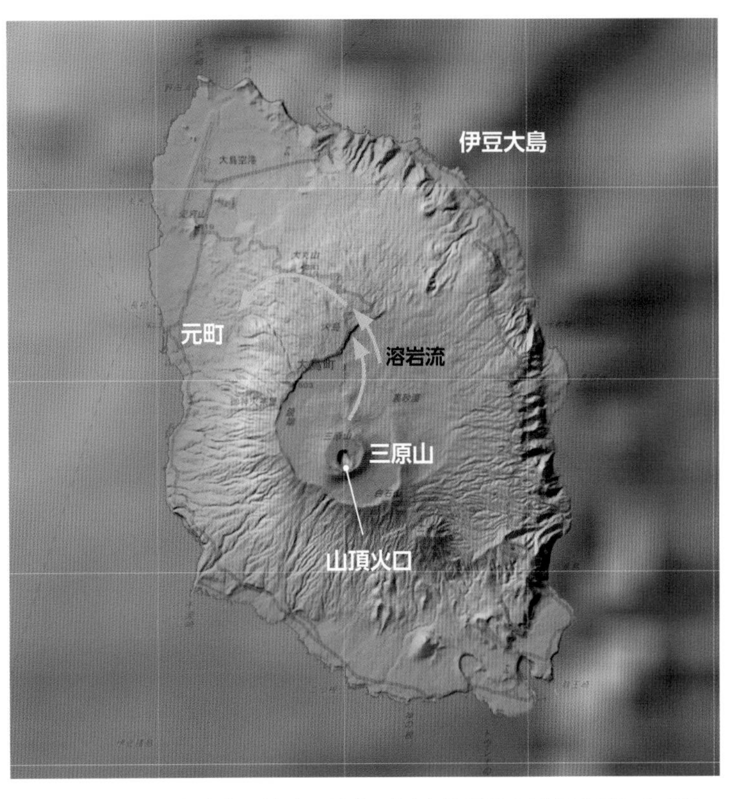

1986年の伊豆大島噴火の溶岩の流れ。(国土地理院色別標高図に加筆して作成)

全島避難指示が出され、着のみ着のまま巡視船に乗りこむ伊豆大島の住民たち(1986年11月21日)。(写真：毎日新聞社/アフロ)

上空から見た現在の伊豆大島。島内最高峰の三原新山(標高758m)が、3km ～4.5kmのカルデラの中央に位置している。いちばん手前に見える入り江に波浮港がある。

伊豆大島には、過去にくり返し起きた噴火活動によってできた独特の景観が見られる。
上／噴火のたびに何度も火山噴出物が降りつもってできた地層(伊豆大島南西部の地層大切断面)。
右／伊豆大島の南端近くにある波浮港。円い形は838年に噴火した火口の名ごり(火口湖)で、後に津波や人の手によって海とつながり、良港となった。

〈1990年－2014年〉

平成以降の火山災害

2000年3月末に北海道の有珠山が噴火を起こしたが、犠牲者は出なかった。（写真：AP/アフロ）

4年3か月にわたる噴火活動で成長した溶岩ドームは平成新山と名づけられた。

火砕流の怖さがわかった噴火

雲仙普賢岳噴火 ●1990(平成2)年11月17日～

1990年11月、長崎県島原半島にある雲仙普賢岳が、1792年の島原大変肥後迷惑（→ P20）以来、およそ200年ぶりに噴火を起こしました。

この噴火では、それまで火山学者など一部の人たち以外、あまり知られていなかった火砕流（→ P10）の怖さを、まざまざと見せつけることになりました。

雲仙普賢岳の火砕流は、粘り気の強いマグマからできた溶岩ドーム（→ P9）が、さらに下からマグマによって押し出され、不安定になって崩落することによって発生しました。

火砕流は、時には秒速100mを超えてふもとに向かって斜面を駆けおりてきます。この雲仙普賢岳噴火では、最初に1991年5月24日に発生して以来、1995年まで9400回以上にわたって発生し続けました。1991年6月3日には火砕流によって43人が亡くなり、一連の噴火での最大の人的被害となりました。

この火砕流で亡くなった43人のうち、もっとも多かったのが報道関係者（16人）でした。また報道関係者を運んでいたタクシーの運転手も犠牲になりました。そして犠牲者の中には、彼らの安全の保護や、勝手に民家などに立ち入らないようにと監視にあたっていた地元の消防団員12人も含まれていました。

報道関係者は、できるだけ迫力のある映像を得るために、避難勧告の対象区域と知りながら、火砕流が正面に見える場所で取材をしていました。そして6月3日の夕方、それまでで最大の火砕流に巻きこまれてしまいました。

犠牲者の中には火山学者3人も含まれていました。急にものすごいスピードでやってくる火砕流は、火山を熟知した学者でさえ、ここまでくるとは予測のつかないものだったのです。

長崎県深江町に押しよせる火砕流と逃げる消防団員。（写真：読売新聞/アフロ）

雲仙普賢岳の噴火と火砕流の被害にあった長崎県島原市や南島原市では、次の噴火に備えるために、火砕流の熱風で炎上した小学校の校舎や、土石流に埋まった11の家屋を保存展示し、雲仙普賢岳の災害のすさまじさを後世に伝えています。

上／1991年の火砕流にともなう熱風によって焼失した旧大野木場小学校の被災遺構。
左／土石流に埋まったまま保存されている被災家屋のひとつ。（火山防災推進機構/アフロ）

民家の近くで噴火を起こした有珠山（2000年3月31日）。（写真：AP/アフロ）

予知に成功して犠牲者0に

有珠山噴火

●2000（平成12）年3月31日

2000年3月下旬から火山性地震がたびたび観測されていた北海道有珠山で、3月31日に23年ぶりに噴火が発生しました。マグマと地下水が接して爆発を起こすマグマ水蒸気爆発（→P9）でした。噴煙は約3000mの高さまで上りました。

そして4月1日、洞爺湖温泉街の近くでも噴火が始まりました。温泉街の後ろにそびえる金比羅山の周辺に次々と新しい噴火口ができ、熱泥流（まだ熱いうちに地下水や川の水などと混じって流れ下る火山灰や噴石など）が市街地の建物や道路、橋などに被害をおよぼしました。噴火口は4月中旬までに65か所に達しました。このときの噴火口のいくつかは、現在洞爺湖町のハイキングコースになっています。

この噴火では、約1万6000人に避難指示が出されました。最長で5か月の避難生活を強いられた住民もいました。

この噴火は温泉街の極めて近くで噴火が起きたために、234戸が全壊するなど、大きな被害が出ましたが、ひとりの人命も失われることがありませんでした。これは事前に噴火の予知が発表され、それに合わせて避難が整然と行われたためです。

噴火が起こる3日前、北海道大学有珠火山観測所（岡田弘教授）と気象庁の火山噴火予知連絡会は、有珠山周辺で火山性地震が発生したことを発表しました。そしてそれに合わせて、有珠山北西部で一両日中に噴火が起こる可能性が大きいことを各自治体を通じて有珠山周辺の住民たちに知らせたのです。そして、住民に対して当初出された「避難勧告」はすぐに「避難指示」へと変わりました。

この地域の住民にはふだんからハザードマップが配られ、防災意識が根づいていました。いざというときに正確な情報を出し、それをもとに冷静に行動することの大切さを、自治体も住民たちもよく理解していたのです。

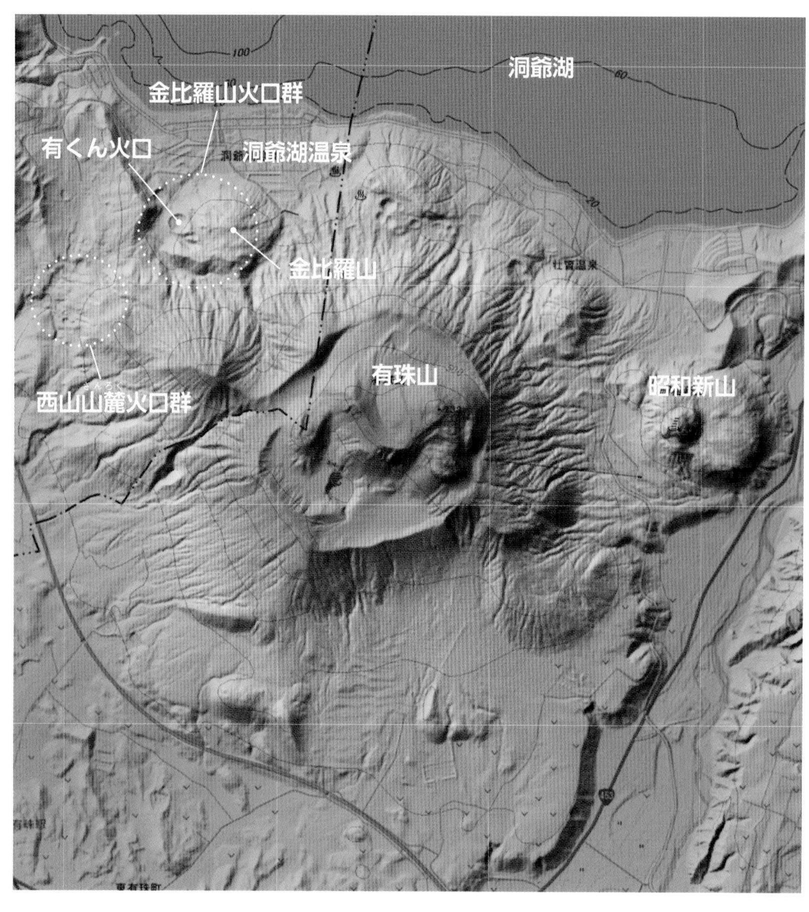

有珠山とおもに噴火を起こした火口群の位置関係。噴火が洞爺湖温泉街のすぐ近くで発生したことがわかる。(国土地理院色別標高図に加筆して作成)

有珠山のふもとにできた金比羅山火口群のひとつ「有くん火口」はエメラルドグリーンの神秘的な水をたたえた火口湖になっている。金比羅山火口群と西山山麓火口群を結ぶ散策路も整備されている。

噴火を起こした三宅島雄山(2000年8月30日)。(撮影/井上明信)

4年5か月も避難生活が続いた

三宅島噴火

●2000(平成12)年7月8日

2000年6月26日、過去に何度も火山噴火を起こしてきた伊豆諸島の三宅島で、火山性の地震がくり返し起こりました。そして翌日には西の海で海底噴火が原因と思われる海水の色の変化が報告されました。

徐々に神津島や新島で地震が起こるようになり、三宅島では収まるかに見えましたが、7月8日に三宅島の雄山山頂で噴火が発生。火口カルデラも出現しました。

8月10日には、噴煙の高さが8000mにおよぶ大きな噴火が発生。18日には1万4000mにおよぶ噴煙が確認されました。このとき、地下のマグマの噴出物が直接地表に出てきたことが確認されたため、この噴火はマグマ水蒸気爆発(→P9)と判明しました。

カルデラは8月中旬には直径1.5km、深さ450mに達しました。また、堆積した噴出物が降雨で泥流となり、人家や道路に被害が出ました。

この事態を重く見た火山噴火予知連絡会は、今後高温の火砕流（→ P10）の発生が心配されると発表しました。これを受けて、9月1日にとうとう全島民避難が決まり、約4000人の島民は島外へと避難を始めました。

三宅島の児童生徒たちは、東京西部あきる野市の秋川高校で学生生活を始めました。秋川高校は2001年春に最後の生徒を送り出したあとに閉校になることが決まっていたため、校舎だけでなく寮にも余裕があり、三宅島の子どもたちにとっては幸運でした。

その後、噴火が収まってからも、二酸化イオウなどの有毒な火山ガスが発生していたため、島民たちは長く島に帰ることができませんでした。慣れない土地での避難生活は4年5か月の長期間におよびました。

東京都内に向け、避難を始める三宅島の島民。(写真：AP/アフロ)

三宅島は1400年代以降、数十年に一度のペースで噴火を起こしている。噴火の年と溶岩流のようすを示した。(国土地理院色別標高図に加筆して作成)

三宅島では各所に火山活動の痕跡が見られる。左は1983年の噴火のときに島の南端に一夜で出現したという新鼻新山。

噴火は紅葉まっさかりの週末に起き、ランチタイムという不運が重なった。

噴火による犠牲者が戦後最大

御嶽山噴火

●2014（平成26）年9月27日

長野・岐阜の県境にそびえる御嶽山は、比較的登りやすい山で、登山シーズンには多くのハイカーが訪れます。

2014年9月27日、この御嶽山が突然噴火を起こしました。噴火による死者は58人、行方不明者は5人となりました。1990年の雲仙普賢岳噴火（→ P38）のときを超えて、戦後の国内の火山噴火災害で最多の犠牲者数となりました。

この日は晴天の土曜日で絶好のハイキング日和。噴火はちょうどお昼時に起こりました。規模がそれほど大きくない水蒸気爆発（→ P9）でしたが、不運なことに頂上の火口付近に200人以上ともいわれる登山客がいたことが被害を大きくしました。

噴煙とともに空高く舞い上がった噴石は、新幹線なみの時速300kmもの高速で落下したといいます。犠牲者の死因の多くは噴石の直撃を受けたり、けがをして動けなくなっているところに大量の火山灰が降り注いで呼吸困難を起こしたりしたものでした。

噴火後、頂上付近は真っ暗になり、まだ高温の噴石や火山灰が猛烈な勢いであたりに降り注ぎました。危険を察知してすぐに下山した人、かろうじて近くの山小屋に避難した人以外のほとんどが犠牲者になったのです。

なぜこれほどの被害が出たのでしょう？それは御嶽山の噴火警戒レベル（→P12）が最低の「１」（登山規制がないレベル）で、御嶽山登山に向かう人の、だれもが噴火を警戒していなかったためです。この日、噴火警戒レベルが「３」に引き上げられたときは、すでに大惨事となっていました。

また、これほど多くの人が登る火山にシェルターさえ設けられていませんでした。日本の火山でシェルターが設けられているのは浅間山や阿蘇山など、ごくわずかです。

この噴火災害を教訓とし、現在の御嶽山には長野県側のふもとの自治体によって山頂付近に90人収用、噴火口に近い尾根に60人収用のシェルターが設けられています。また、岐阜県側でも現在、整備が進められています。

御嶽山山頂付近で遭難者の救助にあたる警察官や消防隊員ら。深く積もった火山灰などで救助活動は難航し、２週間あまりにおよんだ。（写真：毎日新聞社/アフロ）

御嶽山の頂上付近に設けられた90人収用のシェルター。(写真：毎日新聞社/アフロ)

さくいん

 **山賀 進** やまが すすむ（元麻布中学校・高等学校地学教諭）

1949年新潟県生まれ。名古屋大学理学部地球科学科卒業後、東京の中高一貫校で40年以上、理科の地学教諭を務め、教えた生徒数は延べ7000人を超える。

「われわれはどこから来て、どこへ行こうとしているのか。そしてわれわれは何者か」という根源的な問いを、現代科学がどう答えるかを長年の研究課題とし、著書を通じて、今の中学生・高校生たちにも問いかける。

著書に『科学の目で見る　日本列島の地震・津波・噴火の歴史』（ベレ出版）、『なぜ地球は人間が住める星になったのか？』（ちくまプリマー新書）、『日本列島地震の科学』（洋泉社）などがある。

●構成・文　鎌田達也（グループ・コロンブス）
●挿画　堀江篤史
●装丁・レイアウト　村﨑和寿（murasaki design）
●校正　株式会社鷗来堂
●画像提供・協力　国土地理院・内閣府・MBC南日本放送・富士五湖観光連盟・東京大学地震研究所・永青文庫・上富良野町・三松正夫記念館・三宅島観光協会・防災科学技術研究所・アフロ・PIXTA

教訓を生かそう!
日本の自然災害史 3
火山災害 噴火・火砕流

2024年1月31日　第1刷発行

監　修　山賀　進
発行者　小松崎敬子
発行所　株式会社岩崎書店
〒112-0005　東京都文京区水道1-9-2
電話（03）3812-9131（代表）／（03）3813-5526（編集）
振替00170-5-96822
ホームページ：https://www.iwasakishoten.co.jp
印刷　株式会社精興社
製本　大村製本株式会社

ISBN:978-4-265-09148-5　48頁　29×22cm　NDC450
Published by IWASAKI Publishing Co., Ltd.　Printed in Japan
ご意見ご感想をお寄せください。e-mail：info@iwasakishoten.co.jp
落丁本・乱丁本は小社負担でおとりかえいたします。

\\ 教訓を生かそう! //

日本の自然災害史

監修 山賀 進 元麻布中学校・高等学校地学教諭